Maaruf Murtala

Wpływ zmian klimatycznych na plony rzepaku

Maaruf Murtala

Wpływ zmian klimatycznych na plony rzepaku

Dowody z parametrów opadów i temperatury w stanie Kaduna w Nigerii

Wydawnictwo Bezkresy Wiedzy

Cover image: www.ingimage.com

This book is a translation from the original published under ISBN 978-620-0-25476-4.

Publisher:
Wydawnictwo Bezkresy Wiedzy
is a trademark of
Dodo Books Indian Ocean Ltd., member of the OmniScriptum S.R.L Publishing group
str. A.Russo 15, of. 61, Chisinau-2068, Republic of Moldova Europe
Printed at: see last page
ISBN: 978-620-0-81326-8

WPŁYW ZMIAN KLIMATU NA PLON COWPEA W STANIE KADUNA, NIGERIA: DOWODY NA PODSTAWIE PARAMETRÓW OPADÓW I TEMPERATURY

BY

Doktorze Murtala Ma'aruf.

Department of Geography, Jigawa State College of Education, Gumel, Jigawa State, Nigeria

E-mail: maarufmurtala@gmail.com

O AUTORZE

Dr Ma'aruf Murtala urodził się i kształcił w Zaria, stan Kaduna w Nigerii, gdzie uzyskał Nigeria Certificate in Education (NCE) od Federal College of Education. Kształcił się również na Ahmadu Bello University Zaria, gdzie uzyskał tytuł licencjata (Ed.), magistra i doktora geografii; specjalizacja: klimatologia, agro-klimatologia i ocena oddziaływania na środowisko. Posiada ponad dziesięcioletnie doświadczenie w nauczaniu i badaniach naukowych na Wydziale Geografii Kolegium Pedagogicznego Gumel w stanie Jigawa. Jest żonaty i ma trójkę dzieci.

ISBN:

Wydrukowano i opublikowano przez

POTWIERDZENIE

Chciałbym wyrazić moją szczerą i głęboką wdzięczność Bogu Wszechmogącemu za Jego prowadzenie, zaopatrzenie, ochronę i dar życia przez cały okres sporządzania tego pisma. Jestem bardzo wdzięczny za to, że bez Niego to dzieło nie byłoby dzisiaj możliwe, jako mój wkład w wiedzę i rozwój regionu, kraju i całego świata.

Chciałbym również wyrazić moje głębokie uznanie dla Lambert Academic Publishing, za umożliwienie mi uczestniczenia w nich. Szczerze doceniam ich użyteczne komentarze, sugestie i konstruktywną krytykę, które sprawiają, że to dzieło jest tym, czym jest dzisiaj.

Autor pragnie wyrazić uznanie dla swoich studentów i kolegów z katedry za ich wsparcie, ja również wyrażam uznanie dla moich wykładowców na różnych uniwersytetach i innych naukowców, których materiały były dla mnie pomocne.

Autor jest wdzięczny Krajowemu Biuru Statystycznemu (NBS), Abudży oraz Krajowemu Urzędowi Łącznikowemu ds. Rozszerzenia Rolnictwa i Badań Naukowych (NAERLS), Zaria za dane dotyczące wydajności rzepaku, które zostały wykorzystane w tym badaniu. Podziękowania należą się również nigeryjskiej Agencji Meteorologicznej (NiMet) z Abudży za dostarczenie danych na temat opadów i temperatury, które również zostały wykorzystane w badaniu. Bez wsparcia ze strony tych organizacji badanie to nie byłoby możliwe.

Ma'aruf Murtala PhD

DYDYKACJA

Ta książka jest poświęcona mojej rodzinie i moim byłym, obecnym i przyszłym studentom.

PREFACE

Celem książki jest przede wszystkim zaspokojenie potrzeb akademickich studentów geografii w szkołach wyższych, na studiach licencjackich i innych podobnych uczelniach na wszystkich kontynentach, gdzie geografia, rolnictwo, nauki o środowisku naturalnym są uwzględnione w programie nauczania. Stypendyści z innych dziedzin działalności akademickiej, którzy interesują się geografią, również uznają ten tekst za przydatny.

Książka koncentruje się na obszarze agro-klimatologii oraz na tym, jak te idee rozwinęły się poprzez wpływ zmian klimatycznych na produkcję cowpea w Nigerii, ze szczególnym uwzględnieniem stanu Kaduna. W ten sposób książka analizuje wprowadzenie i tło studium. Książka dotyka ram koncepcyjnych i przeglądu literatury, obszaru badań, materiałów i metod, omówienia wyników, wniosków i rekomendacji.

Aby książka była czytelna, należało zapoznać się z opublikowanymi materiałami i innymi źródłami informacji, które z kolei dodały jej blasku i wagi. Autor wierzy, że książka da studentom i naukowcom niezbędne podstawy do studiowania przedmiotu i przygotuje ich do dalszego kształcenia.

LISTA SKRÓTÓW

BNRCCBuilding Nigeria's Response to Climate Change (Reakcja Nigerii na zmiany klimatu)

CT Tropikalny kontynentalny

CRU Jednostka Badań nad Klimatem

FAO Organizacja ds. żywności i rolnictwa

FME Federalne Ministerstwo Środowiska

FDAE Federalny Departament Rozszerzenia Rolnictwa

GPCC Światowe Centrum Opadów i Zmian Klimatycznych

PKB Produkt krajowy brutto

IPCC Międzyrządowy Zespół ds. Zmian Klimatu

ITD Nieciągłość międzytropikalna

LGS Długość sezonu wegetacyjnego

NAERS National Agricultural Extension and Research Liasons Service

NBS Krajowy Urząd Statystyczny

NIMET Nigeryjska Agencja Meteorologiczna

MDGs Milenijny Cel Rozwoju

MT Morze tropikalne

R2 Współczynnik korelacji

Ramowa Konwencja Narodów Zjednoczonych w sprawie zmian klimatu

UNFCCCUnited Nations

Z1- Współczynnik skośności

Z2- Współczynnik Kurtosis

Spis treści

O AUTORZE i

POTWIERDZENIE iii

DYDYKACJA iv

PREFACE v

LISTA SKRÓTÓW vii

WPROWADZENIE 1

PRZYGOTOWANIE DO BADANIA 3

KROWICA W NIGERII (stan Kaduna) 6

SPOŁECZNO-GOSPODARCZE ZNACZENIE PRODUKCJI COWPEA W STANIE KADUNA 10

GŁÓWNE WSKAŹNIKI ZMIAN KLIMATU W ROLNICTWIE 12

TEORIE I BADANIA NAD ZMIANAMI KLIMATYCZNYMI 15

SKUTKI ZMIAN KLIMATU 17

OBSZAR BADAWCZY 20

MATERIAŁY I METODY 27

WYNIKI I DYSKUSJA 29

TENDENCJE W ZAKRESIE OPADÓW DESZCZU, TEMPERATURY I PLONÓW RZEPAKU ZWYCZAJNEGO 30

PODSUMOWANIE 33

ZALECENIE 34

REFERENCJE 37

WPROWADZENIE

Zmiany klimatu mogą być postrzegane jako zmiana stanu klimatu, którą można zidentyfikować (na przykład za pomocą testów statystycznych) na podstawie zmian średniej lub zmienności jego właściwości i która utrzymuje się przez dłuższy okres, zazwyczaj dziesięciolecia lub dłużej (Międzyrządowy Zespół ds. Zmian Klimatu, IPCC, 2007). Zmiany klimatyczne to połączone skutki podwyższonych temperatur i suszy, a w konsekwencji wzrost potencjalnej ewapotranspiracji, stanowią największe ryzyko dla rolnictwa w wielu regionach (IPCC, 2001; Budowanie odpowiedzi Nigerii na zmiany klimatyczne, BNRCC, 2011). Wzmożona działalność człowieka, taka jak wykorzystywanie paliw kopalnych, zmiana użytkowania gruntów i rolnictwo, zwiększyły ilość dwutlenku węgla, podtlenku azotu i metanu odpowiednio o 30, 45 i 15%. Doprowadziło to do zaostrzenia skali i wzorca zmian klimatu (Odekunle, 2010). Obecny trend wysoce zmiennych zjawisk pogodowych i jego wpływ na życie w ogóle, a w szczególności na rolnictwo, sprawił, że badanie i zrozumienie zjawisk pogodowych stało się niezwykle istotne.

Obecnie Nigeria jest największym producentem i konsumentem cowpei na świecie, z około 5 milionami ha i ponad 2 milionami ton produkcji rocznie, przy zużyciu około 25-30 kg rocznie na kapitał (Apata, Samuel, Adeola, 2009). Adejuwon i Ogunkoya (2006) zauważyli, że przetrwanie rolnictwa jest uzależnione od klimatu, a oba te czynniki są ze sobą powiązane, ponieważ oba odbywają się na całym świecie. Ostatnie badania wykazały, że ziarna mogą być wykorzystywane do zrównoważenia głównych skutków zmian klimatycznych ze względu na ich wyjątkową pozycję jako stabilne dla rosnących populacji (Ortiz, 1998). Cowpea jest uważana za bardziej tolerancyjną na zmiany klimatyczne ze względu na jej skłonność do tworzenia głębokich korzeni (Organizacja Narodów Zjednoczonych ds. Wyżywienia i Rolnictwa, FAO, 2004). Prowadzi to do zainteresowania tą pracą na temat cowpea. W Nigerii, a w szczególności w stanie Kaduna, cowpea ma duże znaczenie dla utrzymania milionów ludzi zapewniających pożywienie i możliwość generowania dochodów. Handel świeżymi produktami oraz przetworzoną żywnością i przekąskami daje kobietom z obszarów wiejskich i miejskich możliwość zarabiania pieniędzy; a jako główne źródło białka, minerałów i witamin w codziennej diecie, ma pozytywny wpływ na zdrowie kobiet i dzieci (Ole, Anette i Awa, 2009).

Pomimo znaczenia cowpea, jego produkcja jest obarczona ograniczeniami takimi jak susza, powodzie, stres solny i ekstremalne temperatury, a wszystko to ma się pogorszyć wraz ze zmianami klimatu (Apata, Samuel, Adeola, 2009). Wydajność zależy głównie od czynników ekologicznych, takich jak klimat, gleba oraz szkodniki i choroby. Dlatego też wszelkie zmiany tych czynników mogą prowadzić do zmian w plonach, a tym samym przyczynić się do zmian w plonach międzyrocznych (Adejumon i Ogunkoya, 2006). Adefolalu (1983) słusznie zauważył, że rośliny są zależne nie tylko od ilości opadów, które otrzymują na wzrost, rozwój i plony, ale od tego, ile wody są dla nich dostępne jako wilgotność gleby. Kiedy te ilości staną się dostępne w ciągu dni i miesięcy, do których gleba jest w stanie utrzymać odpowiednią ilość wymaganej wilgoci, zwiększy to dobre plony. Ponadto w środowisku tropikalnym temperatura i opady deszczu są najważniejszymi determinantami wegetacji, ponieważ temperatury są wysokie przez cały rok, nie ograniczają wzrostu roślin, ale określają rodzaje roślin, które mają być uprawiane (Nwafor, 1982; Asiedu, 1992). Podobnie, Adefolalu (1991) zauważył, że klimat, zwłaszcza opady, nie został uznany za zasłużony priorytet w planowaniu rolnictwa w Nigerii. Tak więc, ogólne zaniedbanie tego zasobu naturalnego może opierać się na wrażeniu, że klimat tropikalny jest sprawiedliwy. W związku z tym Ati, Iguisi i Afolayan (2007) zauważyły, że dłuższy czas trwania oznacza, że można uprawiać więcej roślin zasilanych deszczem i zbierać więcej wody deszczowej dla rozwoju zasobów wodnych.

Tak więc nie wszystkie opady są skuteczne, ale tylko ta część, która przyczynia się do ewapotranspiracji, może być uznana za skuteczną (Abubakar i Yamusa, 2013). Ważnym warunkiem efektywnej intensyfikacji produkcji rolnej jest zrozumienie relacji klimatyczno-uprawnych. Wprawdzie wpływ krótkoterminowych wahań pogody na plony cowpea jest od dawna dobrze znany, jednak w Nigerii, a zwłaszcza w stanie Kaduna, gdzie powszechnie uważa się, że pogoda jest korzystna dla produkcji roślinnej, nie został on dobrze zbadany i zrozumiany. Niektóre badania zostały przeprowadzone w celu oceny wpływu zmian klimatycznych na rolnictwo w krajach rozwijających się (zwłaszcza badania przeprowadzone przez firmę Kaduna): IPCC 2007; Timko i Singh 2008; Brown 2009; Ayinde 2010; Oyerinde, Chuwang i Oyerinde, 2013). Badania te wskazują na obawy związane z obecnymi i przyszłymi obserwacjami klimatu, tendencjami pogodowymi i ich implikacjami dla rolnictwa, które nadal inspirują naukowców, jak również interesy publiczne i polityczne w odniesieniu do analizy zmian klimatu w związku z wydajnością rolnictwa. Niniejsze opracowanie ma zatem na celu wniesienie wkładu do wiedzy poprzez zbadanie wpływu zmian klimatu na produkcję cowpea w stanie Kaduna. Jest to główna część niniejszego opracowania.

PRZYGOTOWANIE DO BADANIA

Zmian Klimatu, podsumowanie czwartego sprawozdania z oceny IPCC dla Afryki, opisuje tendencję do ocieplenia w tempie szybszym niż średnia światowa oraz rosnącą jałowość w wielu krajach. Zmiany klimatyczne wywierają wielokrotny nacisk na środowisko biofizyczne, jak również społeczne i instytucjonalne, które stanowi podstawę produkcji rolnej (IPCC, 2007). Oznacza to, że czynniki społeczno-gospodarcze, konkurencja międzynarodowa, rozwój technologiczny, jak również wybory polityczne określą wzorzec i wpływ, jaki zmiany rolno-klimatyczne będą miały na rolnictwo (Bruksela, 2009 r.), w sumie Chanal (2009 r.) sklasyfikował wzorce wpływu zmian klimatycznych na rolnictwo na wpływ biofizyczny i społeczno-gospodarczy. Skutki biofizyczne obejmują: skutki fizjologiczne dla upraw i zwierząt gospodarskich, zmiany w zasobach lądowych, glebowych i wodnych, zwiększone wyzwania związane z chwastami i szkodnikami, przesunięcia w przestrzennym i czasowym rozmieszczeniu skutków, wzrost poziomu morza oraz zmiany w zasoleniu mórz i wzrost temperatury morza powodujące zamieszkiwanie ryb w różnych zakresach. Skutki społeczno-gospodarcze prowadzą do spadku odłowów i produkcji, zmniejszają marginalne PKB pochodzące z rolnictwa, wahania cen na rynku światowym, zmiany w rozmieszczeniu geograficznym systemu handlu, wzrost liczby osób zagrożonych głodem i brakiem bezpieczeństwa żywnościowego, migracje i niepokoje społeczne.

Według Khanal (2009) wzorce skutków zmian klimatycznych są jednak uzależnione od szerokości geograficznej, wysokości nad poziomem morza, rodzaju uprawianych roślin i hodowanych zwierząt gospodarskich. Mark i in. (2008) podkreślili niektóre z bezpośrednich skutków zmian klimatycznych dla systemu rolniczego jako: a) sezonowe zmiany opadów i temperatury, które mogą mieć wpływ na warunki rolno-klimatyczne, zmieniające pory wegetacyjne, kalendarze sadzenia i zbiorów, dostępność wody, populacje szkodników, chwastów i chorób; b) zmiany w ewapotranspiracji, fotosyntezie i produkcji biomasy; oraz c) zmiany w przydatności gruntów do produkcji rolnej.

Oczekuje się, że niektóre z wywołanych zmian będą gwałtowne, podczas gdy inne wiążą się ze stopniowymi zmianami temperatury, pokrycia roślinnego i rozmieszczenia gatunków. Jednakże, patrząc krytycznie na produkcję roślinną, schemat zmian klimatycznych ma zarówno pozytywny, jak i negatywny wpływ. Wzrost temperatury pomaga na przykład w uprawie roślin na obszarach położonych na dużych wysokościach i w kierunku biegunów. Na tych obszarach wzrost temperatury wydłuża potencjalny sezon wegetacyjny, umożliwiając wcześniejsze sadzenie, wczesne zbiory i otwierając możliwość ukończenia dwóch cykli upraw w tym samym sezonie (Chanal, 2009).

Cieplejsze warunki wspomagają proces naturalnego rozkładu materii organicznej i przyczyniają się do mechanizmów pobierania składników odżywczych. Przewiduje się również, że proces wiązania azotu, związany z większym rozwojem korzeni, będzie się nasilał w cieplejszych warunkach i przy wyższym poziomie CO2, jeśli wilgotność gleby nie będzie ograniczana (FAO, 2007). Podwyższony poziom CO2 prowadzi do pozytywnej reakcji wzrostu wielu zszywek w warunkach kontrolowanych, znanych również jako efekt nawożenia węgla (Mark et al. 2008). Jednak gdy temperatury przekraczają optymalny poziom dla procesów biologicznych, uprawy często reagują negatywnie na gwałtowny spadek wzrostu netto i plonów. Khanal (2009) stwierdził, że stres cieplny może mieć wpływ na cały rozwój fizjologiczny, dojrzewanie, a w końcu na zmniejszenie plonów uprawianych roślin. Negatywny wpływ na plony rolne będzie spotęgowany przez częstsze zjawiska pogodowe.

Na przykład Bruksela (2009) stwierdziła, że rosnące stężenie CO2 w atmosferze, wyższe temperatury, zmiany w rocznych i sezonowych wzorcach opadów oraz w częstotliwości występowania ekstremalnych zjawisk będą miały wpływ na wielkość, jakość, ilość, stabilność produkcji żywności i środowisko naturalne, w którym odbywa się rolnictwo. Wahania klimatyczne będą miały wpływ na dostępność zasobów wodnych, częstotliwość występowania szkodników i chorób oraz jakość gleby, prowadząc do istotnych zmian w warunkach rolnictwa i produkcji zwierzęcej. W skrajnych przypadkach, według Brukseli (2009 r.), degradacja ekosystemów rolnych może oznaczać pustynnienie, prowadzące do całkowitej utraty zdolności produkcyjnej przedmiotowych gruntów. Może to zwiększyć zależność od importu żywności i liczbę osób zagrożonych głodem. Kraje rozwijające się już teraz borykają się z chronicznym ubóstwem i kryzysem żywnościowym.
Szacuje się, że w przypadku Afryki 25-42 % siedlisk gatunków może zostać utraconych, co może mieć wpływ zarówno na uprawy żywnościowe, jak i niespożywcze (Chanal 2009). Na niektórych obszarach zachodzą już zmiany w siedliskach, które prowadzą do zmiany zakresu gatunków i zmian w różnorodności biologicznej roślin, w tym w zakresie rodzimej żywności i leków roślinnych. FAO (2007) doniosła, że nawet 11 % gruntów ornych w krajach rozwijających się może być w znacznym stopniu dotkniętych zmianami klimatycznymi. W 65 krajach nastąpi zmniejszenie produkcji zbóż i opóźnienie o około 16 % PKB w rolnictwie. Ogólnie rzecz biorąc, przewiduje się spadek światowej produkcji żywności nawet o 30 % ze względu na wpływ zmian klimatycznych na rolnictwo (IPCC 2007).

W Afryce oczekuje się, że zmiany klimatyczne, a w niektórych częściach już się zaczęły, zmienią dynamikę suszy, opadów i fal upałów oraz spowodują wtórne obciążenia, takie jak rozprzestrzenianie się szkodników, zwiększoną konkurencję o zasoby i związane z tym straty w zakresie różnorodności biologicznej. Przewidywanie wpływu zmian klimatu na złożone systemy biofizyczne i społeczno-gospodarcze, które stanowią sektory rolnictwa, jest trudne. In many parts of Africa it seems that warmer climates and changes in precipitation will destabilize agricultural production. This is expected to undermine the systems that provide food security (Gregory et al 2005). Dowody pochodzące z IPCC wskazują, że do 2100 r. obszary Sahary prawdopodobnie staną się najbardziej narażone na zmiany klimatyczne, a straty w rolnictwie wyniosą prawdopodobnie od 2 do 7 % PKB dotkniętych krajów. Oczekuje się, że w Afryce Zachodniej i Środkowej straty wyniosą od 2 do 4%, a w Afryce Północnej i Południowej od 0,4 do 1,3% (Mendelsohn i in. 2000).

KROWICA W NIGERII (stan Kaduna)

Cowpea to jedna z najstarszych znanych człowiekowi roślin. Jej pochodzenie i udomowienie miało miejsce w Afryce w pobliżu Etiopii, a następnie rozwinęło się głównie w gospodarstwach afrykańskiej Savannah (Van, 1999). Obecnie jest to roślina strączkowa szeroko przystosowana i uprawiana na całym świecie (Aveling, 1999), jednak w produkcji przeważa Afryka, jak pokazano na rys. 1.

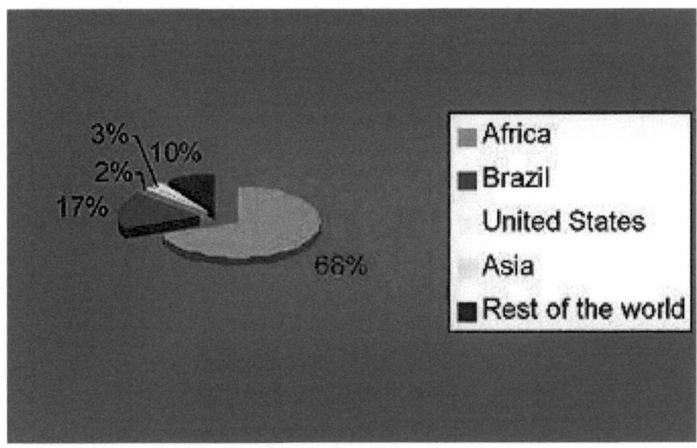

Rys. 1. Cowpea Produkcja na całym świecie (ziarno suche)

Źródło: FAO (1990-2000) i inne źródła

Kowpea to jedna z popularnych nazw w języku angielskim: cowpea, bachapin fasola, groszek czarnooki, groszek południowy, groszek zwyczajny, groszek chiński i cowgram; w afrykanach: akkerboon, swartbekboon, koertjie; w Zulu: isihlumaya; w Wendzie: munawa (roślina), nawa (owoce) imbumba, indumba; w Shangaan: dinaba, munaoa, tinyawa. (Aveling, 1999). Znana jest również na całym świecie jako lubia, niebe coupe lub frijol. Jednakże wszystkie one są gatunkiem *Vignaunguiculata* (L) Walp, który w starszym odniesieniu może być zidentyfikowany jako *Vigna sinensis* (L) (Quinn, 1999).

Jest to jednoroczne ziele o silnym korzeniu głównym i wielu rozrastających się korzeniach bocznych w glebie powierzchniowej. System korzeniowy z dużymi guzkami jest bardziej rozbudowany niż system sojowy (McGregor, 1976). Formy wzrostu cowpea są różne i mogą być wzniesione, ciągnące się, pnące lub krzaczaste, zwykle nieokreślone w sprzyjających warunkach. Liście są naprzemienne i trifoliują zwykle ciemnozielone. Pierwsza para z nich jest prosta i przeciwstawna. Łodygi są prążkowane, gładkie lub lekko owłosione, czasami zabarwione na fioletowo (Aveling, 1999). Kwiaty są samopylące i mogą być białe, brudnożółte, różowe, bladoniebieskie lub fioletowe. Układa się je w raceme lub pośrednie kwiatostany w parach na przemian.

Kwiaty otwierają się we wczesnym dniu i zamykają około południa, po zakwitnięciu więdną i zapadają się. Aktywność owadów zapylających jest korzystna w zwiększaniu liczby strąków zestawu, liczby nasion w strąku lub obu; nie ma jednak zaleceń dotyczących stosowania owadów zapylających na rzepaku (McGregor, 1976). Rys. 2 ilustruje projekt graficzny rośliny cowpea.

Rysunek 2: Projekt graficzny Cowpea

Owoce to strąki, które różnią się wielkością, kształtem, kolorem i strukturą. Mogą być wzniesione, w kształcie półksiężyca lub zwijane. Zazwyczaj żółte, gdy są dojrzałe, ale mogą mieć również kolor brązowy lub fioletowy. W strąku znajduje się zazwyczaj 8-20 nasion. Nasiona znacznie różnią się wielkością, kształtem i kolorem. Są one stosunkowo duże, mają długość 2-12 mm i ważą 5-30 g/100 nasion. Kształt ziaren może być kulisty lub ponownie uformowany. Testa - powłoka pokrywająca ziarno - może być gładka lub pomarszczona; biała, zielona, czerwona, brązowa, czarna, plamista, plamista, oczkowa (hilum - linia środkowa - jest biała otoczona ciemnym pierścieniem) lub cętkowana (Aveling, 1999). Rys. 3 przedstawia garść ziaren cowpea.

Rysunek 3: Ziarno Cowpea Grains

Jego zasięg geograficzny jest szeroki, od Ciepłego Ciepła Thorn do Wilgotnego, przez Tropikalny Thorn do Mokrych Stref Życia Leśnego. Cowpea nie może być uprawiana na ziarno tak daleko na północ jak soja, ponieważ jest bardziej wrażliwa na mróz (Van, 1999). Najlepiej rośnie na obszarach gorących i może dać plon jednej tony nasion i pięciu ton siana na hektar przy zaledwie 300 mm opadów. Długi korzeń kranowy i mechanizmy takie jak obracanie liści w górę, aby nie dopuścić do ich nadmiernego nagrzewania się i zamykanie szparagów, dają cowpei doskonałą tolerancję na suszę (Van, 1999).

Cowpea jest uważana za bardziej tolerancyjną na suszę niż soja czy fasola mung, ponieważ ma tendencję do tworzenia głębokich korzeni tapio. Ma konkurencyjną niszę na glebach piaszczystych, nie toleruje zbyt wilgotnych warunków i nie powinien być uprawiany na glebach słabo odwodnionych. Jedną z najbardziej niezwykłych cech cowpea jest to, że rozwija się w suchym środowisku; dostępne odmiany dają plon przy zaledwie 300 mm opadów. To sprawia, że jest to uprawa z wyboru w strefie Sahelian i na suchych sawannach, choć dostępne są również odmiany, które kwitną w wilgotnych sawannach (Van, 1999). Mówi się, że odmiany cowpea są tolerancyjne na aluminium i przystosowane do ubogich gleb, jeżeli Ph wynosi od 5,5 do 6,5. Ogólnie rzecz biorąc, jest mniej tolerancyjna na stan zasadowy i zasolenie, ale nie toleruje nadmiaru boru (Van, 1999). Uprawa krowiego grochu siewnego często pozytywnie reaguje na dodatek fosforu, chociaż nastąpił nieistotny wzrost plonu ziarna krowiego grochu siewnego do dawki azotu wynoszącej 30 kg/ha (Agbenin i in.,). Długość okresu wegetacyjnego jest różna w zależności od rodzaju: 100 dni w typie determinowanym, 110 dni w półeterminowanym, 120 dni w typie rankingowym. Klimat ma również wpływ na długość okresu wegetacyjnego: im cieplejsza pogoda, tym krótszy okres dojrzewania (Van, 1999).

SPOŁECZNO-GOSPODARCZE ZNACZENIE PRODUKCJI COWPEA W STANIE KADUNA

Cowpea jest najważniejszą ekonomicznie rodzimą rośliną strączkową Afryki (Langyntuo i in., 2003). Cowpeas mają zasadnicze znaczenie dla utrzymania kilku milionów ludzi w Nigerii, a zwłaszcza w stanie Kaduna. Rodziny wiejskie, które stanowią większą część ludności tych regionów, czerpią z ich produkcji, żywności, paszy dla zwierząt, a także z dochodów pieniężnych.

Zwyczaje żywieniowe w Nigerii opierają się głównie na uprawach bulwiastych (maniok, batat) i zbóż (kukurydza, ryż, proso). Mimo że mają one wysoką wartość odżywczą, rośliny strączkowe na ziarno stanowią niewielki składnik diety żywieniowej. Dlatego też podjęto nieśmiałe wysiłki, aby wprowadzić soję do afrykańskich zwyczajów żywieniowych i działalności rolniczej, ale z niewielkim powodzeniem z powodu jej niepożądanego smaku i trudności w gotowaniu. W odróżnieniu od soi, cowpea jest ceniona, a z cowpei przygotowuje się różne tradycyjne dania i przyprawy afrykańskie, wśród nich domowe potrawy odstawiane od piersi (Lambeth, 2002).

Cowpea jest najbardziej wszechstronną afrykańską rośliną uprawną: karmi ludzi, ich zwierzęta gospodarskie i następną. W obu Amerykach, znany również jako "groszek czarny", cowpea jest pokarmem wysokobiałkowym, bardzo popularnym w stanie Kaduna. Sama roślina może być suszona i przechowywana aż do momentu, gdy będzie potrzebna jako pasza dla zwierząt gospodarskich. Jako roślina strączkowa wiążąca azot, cowpea poprawia żyzność gleby, a w konsekwencji przyczynia się do zwiększenia plonów roślin zbożowych uprawianych w płodozmianie. Cowpea jest często spożywana w Nigerii jako smażone "kulki Akara i parzone moin-moin", które są przygotowywane z mielonej fasoli. Cowpea (prawdopodobnie najważniejsze źródło białka pochodzenia niezwierzęcego w tropikach) jest niedostatecznie wykorzystywana w komercyjnych jadłodajniach w Nigerii. Może to wynikać z wymaganego długiego czasu przygotowania i gotowania. Nawet w miejscach, gdzie znajduje się cowpea, podaje się ją w towarzystwie gotowanej lub smażonej plantainy. Inne przetwory spożywcze z cowpei, takie jak "Akara", nie są serwowane rutynowo w hotelach, ale mogą być przygotowane dla klientów na życzenie (Abiose, 1999). Z drugiej strony, spożycie mąki z cowpea wzrosło w Nigerii. Ankieta wykazała, że spożycie cowpea wzrosło ponad dwukrotnie na obszarach, gdzie zainstalowano młyny w wioskach, pomimo wzrostu cen o 500 procent (CANR, 2001).

Jednak w stanie Kaduna do głównych ograniczeń w przyjmowaniu suchego sezonu dwufunkcyjnego cowpea należą: atak owadów zarówno na polu, jak i w magazynie, niewystarczająca ilość wody, nicienie, brak ziemi i brak nasion. Skala tych problemów różni się również w zależności od lokalizacji (Inaizumi, i in., 1999). Białko w nasionach grochu bydlęcego jest bogate w aminokwasy, lizynę i tryptofan w porównaniu z ziarnem zbóż, jednak w porównaniu z białkiem zwierzęcym brakuje mu metioniny i cystyny.

Gęsta populacja i dochody z ropy naftowej w Nigerii stwarzają ogromne efektywne zapotrzebowanie na cowpea. Zorganizowany rynek cowpea w stanie Kaduna jest częścią starożytnego handlu, który łączy wilgotne strefy przybrzeżne z półpustynnym wnętrzem. W wilgotnych strefach przybrzeżnych stosunkowo łatwo jest produkować węglowodany (np. cassava, kukurydza, ryż), ale z powodu szkodników i chorób trudno jest produkować białko zwierzęce lub roślinne.

Przeciwnie, brak opadów ogranicza produkcję zboża we wnętrzu, ale stwarza dobre warunki dla zwierząt gospodarskich, cowpeas i orzeszków ziemnych. W strefie subsahelskiej istnieje dobrze rozwinięta sieć nabywców wiejskich, którzy zbierają niewielkie ilości od indywidualnych rolników w worki 100 kg i kupców, którzy przewożą i przechowują worki (Lowemberg-DeBoer, i in. 2000). W związku z tym, ogólnie rzecz biorąc, cowpea jest aktywnie sprzedawana z północnej do południowej części Nigerii ze względu na przewagę komparatywną, jaką mają w produkcji białka suszone obszary północnej Nigerii (Langyintuo, 2003).

Tendencja produkcji cowpea w Nigerii wykazuje znaczną poprawę - w latach 1961-1995 (Ortiz, 1998) powierzchnia upraw zwiększyła się o około 440 procent, a plony o 410 procent. Chociaż Nigeria jest największym producentem cowpea na świecie, produkującym około 56 procent światowej produkcji, jest również największym konsumentem cowpea na świecie (NAQA, 2001). To jest sedno tych badań.

GŁÓWNE WSKAŹNIKI ZMIAN KLIMATU W ROLNICTWIE

W poprzednich badaniach wykorzystano różne podejścia do ujęcia wpływu zmian klimatu na rolnictwo (Parry *i inni*, 2009; Wang *i inni*, 2009; Deressa i Hassan, 2010). Podejścia te sięgają od prostego zrównania średnich przyszłych skutków do strat w plonach obserwowanych podczas historycznych susz po bardziej ilościowe modelowanie symulacji upraw, statystyczne szeregi czasowe i analizy przekrojowe. Dotychczasowe badania symulacyjne były ograniczone brakiem wiarygodnych danych na temat właściwości gleby i praktyk gospodarowania glebą i dostarczyły jedynie "najbardziej trafnych" danych szacunkowych, zawierających niewiele lub nie zawierających żadnych informacji na temat niepewności wynikających z wyboru struktury modelu, wartości parametrów i technik skalowania (Frost i Thompson, 2000;

Fischer *i in.* 2002). Ponadto w przeszáych badaniach zaobserwowano, Īe analizy statystyczne byáy ograniczone przez niewielką iloĞü i jakoĞü historycznych danych dotyczących rolnictwa w porównaniu z innymi regionami, co prowadziáo do szacunków modelowych z szerokimi przedziaáami ufnoĞci (Naylor *i in.*, 2007; Wang *i in.*, 2009). Ponadto badania wykazały, że techniki statystyczne i ekonometryczne mogą być stosowane w celu ustalenia logicznego związku między zmianami klimatycznymi a zmianami (Tebaldi i Knutti, 2007; Niggol i Mendelsohn, 2008).

Przeprowadzono wiele badań dotyczących potencjalnego wpływu zmian klimatu na wydajność rolnictwa (Parry *i in.* 1999; Lobell i Burke, 2008 oraz Deressa i Hassan, 2010). W badaniach tych podejmuje się próby połączenia najnowocześniejszych modeli opracowanych przez naukowców z różnych dziedzin, w tym klimatologii, agronomii i ekonomii, w celu prognozowania przyszłego wpływu zmian klimatycznych na rolnictwo i ich wpływu na wzrost populacji.

Niektóre z tych badań obejmują Kane i in. 1992; Rosenzweig i in. 1993; Rosenzweig i Parry 1994; Reilly i *in.* 1996 oraz Ayinde *i in.* 2010, które wykorzystały zmiany klimatyczne w plonach roślin do oszacowania potencjalnych globalnych skutków gospodarczych. Inni zbadali pośredni wpływ na zmienne ekonomiczne, takie jak dochody i dochody gospodarstw rolnych, np. Mendelsohn *i in.* (1994) oraz Adams i in. (1998). Mendelsohn i in. (1994) oraz Adams i in. (1998). Przegląd tych badań pomógł w zrozumieniu fizycznych i ekonomicznych reakcji oraz dostosowań dotyczących zmian klimatu i produkcji rolnej. Jednak zgodnie ze scenariuszem adaptacyjnym dotyczącym sposobu, w jaki rolnicy radzą sobie z tą zmiennością klimatyczną lub w jaki przetrwaliby w jej trakcie, w badaniach tych założono, że rolnicy mogliby dostosować się do zmian klimatycznych poprzez zmianę odmian upraw oraz czasu sadzenia i zbiorów, podczas gdy w scenariuszu bez dostosowania zakłada się, że rolnicy nie dokonują żadnych dostosowań w czasie.

Przekształcanie gruntów w celu wykorzystania ich do celów rolniczych oraz wykorzystywanie różnych innych zasobów naturalnych zasadniczo zwiększyło zdolność Ziemi do wspierania ludzi. W ostatnich dziesięcioleciach ludzka przedsiębiorczość wzrosła jednak tak bardzo, że poważnie zmienia globalne środowisko (Holdren i Ehrlich 1974; Kane i in., 1992; Fischer i in., 2002 oraz Wang *i in.*, 2009). Obecnie ludzkość szybko wyczerpuje żyzne gleby, kopalne wody gruntowe, bioróżnorodność i wiele innych nieodnawialnych zasobów, aby wspierać rosnącą populację (Ehrlich i Ehrlich 1990; Adams *i in.* 1998). Wyczerpywanie się tych zasobów w połączeniu z innymi presjami człowieka na środowisko (np. produkcja odpadów toksycznych, zmiana składu atmosfery) osłabia zdolność planety do wspierania praktycznie wszystkich form życia (Ehrlich i in. 1989).

Wielkość i tempo zmian, które zdaniem klimatologów są prawdopodobnie bezprecedensowe w historii ludzkości (Abrahamson 1989). Jeśli do takich zmian dojdzie, nieuchronnie będą one miały daleko idące skutki dla wielu aspektów ludzkich społeczeństw. Obecne wzorce i przyszłe plany wykorzystania energii i industrializacji będą wymagały poważnych zmian (Rosenzweig i Parry, 1994). Napięcia międzynarodowe prawdopodobnie wzrosną w stosunku do roszczeń dotyczących wód słodkich, w których ograniczone zasoby są jeszcze bardziej ograniczone (Fischer i in., 2002; Lobell i Burke, 2008 i Ayinde *i in.*, 2010), międzynarodowa migracja uchodźców ekologicznych (Jacobson 1988) oraz ostateczna odpowiedzialność za globalne ocieplenie i jego skutki (Adams *i in.*, 1998).

Światowa produkcja i dystrybucja żywności jest niewystarczająca dla dużej części szybko rosnącej światowej populacji 5,8 miliarda ludzi w obecnych i przewidywalnych systemach gospodarczych (Ehrlich i Ehrlich 1990). Systemy rolnicze i dystrybucji żywności mogą być dodatkowo obciążone przesunięciem pasów temperatury i opadów, zwłaszcza jeśli zmiany są szybkie i nie są planowane.

TEORIE I BADANIA NAD ZMIANAMI KLIMATYCZNYMI

Studium jest częściowo zakorzenione w teorii teorii produkcji, która jest również zakorzeniona w tradycji ekonomistów neoklasycznych. Neoklasyczna teoria producentów pozwala przewidzieć, jak producenci (rolnicy) podejmują decyzje produkcyjne w odpowiedzi na czynniki egzogeniczne, takie jak ceny nakładów i produkcji, ograniczenia środowiskowe i technologiczne. Teoria dwoistości dostarcza metodologii przewidywania tych decyzji z obserwatorium kosztów i zysków producentów. Wykorzystując teorię neoklasyczną, można oszacować długofalowe skutki zmiany klimatu na jeden z dwóch sposobów.

Po pierwsze, funkcję podaży lub plonów można oszacować bezpośrednio za pomocą zestawu danych zawierającego obserwacje dotyczące plonów, cen wejścia i wyjścia, charakterystyki gleby i zmiennych klimatycznych. Alternatywnie, skutki gospodarcze można przewidzieć na podstawie szacunkowej funkcji zysku lub kosztu. Dwie główne techniki wykorzystywane głównie do oceny wpływu zmiany klimatu na plony to m.in: (1) modele wzrostu upraw oraz (2) analizy regresji. Modele wzrostu upraw są powszechnie stosowane i pozwalają na uzyskanie precyzyjnych odpowiedzi na plony w odpowiedzi na zdarzenia pogodowe. W swoich badaniach Rosenzweig i Parry (1994) przedstawili globalną ocenę zmian klimatycznych w zakresie światowej podaży żywności i przewidzieli straty plonów zbóż do 10 % w kilku krajach Afryki Subsaharyjskiej w latach 1990-2080. Jednakże modele wzrostu upraw wymagają codziennych danych pogodowych i są kalibrowane w warunkach doświadczalnych. Alternatywnie, analizy regresji pozwalają na ilościowe określenie zmian pogody na plonach zbóż w rzeczywistym kontekście upraw.

Ayinde, Muchie i Olatiyi (2011) oszacowali wpływ zmian pogodowych na wydajność rolnictwa w Nigerii, wśród nielicznych ocen wpływu przyszłych zmian klimatycznych na plony zbóż w Nigerii opartych na regresji. Ayinde, Ojehomon, Daramola i Falaki (2013) badali wpływ zmian klimatu na produkcję ryżu w Nigerii. Wszyscy oni zastosowali podejście ekonometryczne do modelowania wpływu zmian klimatycznych i zmienności na plon ziarna.

Amogne i Amare (2017) badały dynamikę spatiotemporalną zmiennych meteorologicznych w kontekście zmieniającego się klimatu, zwłaszcza w krajach, gdzie dominowało rolnictwo nawadniane deszczem. Analizę trendów wykorzystano do zbadania zmian opadów i temperatury w północno-środkowej Etiopii, wykorzystując sieciowe miesięczne dane opadowe uzyskane z Globalnego Centrum Opadów i Klimatu (GPCC) oraz dane temperaturowe z Jednostki Badań Klimatycznych (CRU) z rozdzielczością 0,5° na 0,5° w latach 1901-2014. Wynik ujawnił wewnątrz- i między-roczną zmienność opadów, a wartość wskaźnika dotkliwości suszy Palmera potwierdziła tendencję wzrostową liczby lat suszy. Stwierdzono, że roczne opady zmniejszyły się odpowiednio o 15,03 mm, 1,93 mm i 13,12 `mm na dekadę.

Badania Akinsanola i Ogunjobi (2014) badają opady i zmienność temperatury w Nigerii z wykorzystaniem obserwacji temperatury powietrza (^{0C}) i opadów (mm) z 25 stacji synoptycznych w latach 1971-2000 (30 lat). Dane o temperaturze i opadach w latach 1971-1980 uzyskano w Nigerii w celu zbadania trendów czasowych i przestrzennych. Zastosowane podejście statystyczne obejmuje poziomy ufności, współczynniki kurtozy, pochylenia i współczynnik zmienności. Analiza temperatury powietrza wykazała, że w pierwszej dekadzie lat 1971-1980 dominowały anomalie w zakresie od -0,2 do -1,6.

W Ifabiyi i Omoyosoye (2011) badano wpływ cech opadu na plon kukurydzy w stanie Kwara za pomocą analizy korelacji i regresji, badano wpływ niektórych wskaźników opadu (miesięczne i roczne opady deszczu, ulewy, początek opadu i zaprzestanie opadów) na plon kukurydzy w stanie Kwara. Wyniki statystyki korelacji wykazały, że najsilniejszy związek (r= -0,55) z plonem kukurydzy mają dni opadowe. Zaobserwowano również, że wczesna i późna kukurydza cierpią na niedobór wilgoci odpowiednio w marcu i listopadzie, podczas gdy nadmierne opady w czerwcu/lipcu i wrześniu również mają wpływ na plon kukurydzy. Ponadto, w celu prognozowania plonów kukurydzy w stanie Kwara w Nigerii, opracowano 5 modeli opadów deszczu.

Seini (2013) badał produkcję roślin strączkowych w odniesieniu do zmienności opadów w okresie dwudziestu jeden lat od 1988 do 2008 r. w Benue State. Dane dotyczące opadów oraz roczna produkcja roślin strączkowych były generowane odpowiednio przez jednostki metrologiczne Nigerii Air Force Makurdi oraz Benue Agricultural and Rural Development Authority. Statystyczne narzędzie korelacji i regresji zostało wykorzystane do zbadania możliwych zależności między tymi dwoma zmiennymi. Odnotowano niskie współczynniki korelacji i regresji wynoszące odpowiednio 0,0332 i 0,1375. Olanrewaju (2010) badał tendencje w zakresie cech opadów jako wskaźnika zmian klimatycznych w strefie ekologicznej gwinei sawanny w Nigerii w latach 1956-2005. Metodę Waltera (1967) przyjęto przy obliczaniu początku, końca i długości sezonu wegetacyjnego (LGS) opadów. Zastosowano analizy korelacji i regresji. Wyniki potwierdziły zmianę klimatu Państwa Kwara w kierunku jałowości, która przejawia się w dużej częstotliwości występowania późnego początku, wczesnego zaprzestania i redukcji LGS.

SKUTKI ZMIAN KLIMATU

Zmiany klimatyczne są jednym z elementów życia środowiskowego zagrażającego rozwojowi gospodarczemu i zrównoważonemu rozwojowi ludzkości na całym świecie. Naturalny cykl klimatyczny i działalność człowieka przyczyniły się do zwiększenia akumulacji gazów cieplarnianych w atmosferze, przyczyniając się tym samym do wzrostu temperatury w klimacie globalnym (globalne ocieplenie) (UNFCCC, 2007). Istnieją wystarczające dowody na to, że w ostatnich dziesięcioleciach na świecie obserwuje się długotrwałe zmiany modeli i zmienność klimatu z szybkim przyspieszeniem (Ahmed, Diffenbaugh i Hertel, 2009). Zaobserwowano znaczne zmiany w długookresowych średnich temperaturach i opadach, poziomie mórz, częstotliwości i intensywności susz oraz powodzi, a także ich zróżnicowanie (Międzyrządowy Zespół ds. Zmian Klimatu, IPCC, 2007). Ponieważ temperatura i opady są bezpośrednimi czynnikami produkcji rolnej, można się zatem spodziewać, że zmiany klimatyczne będą miały wpływ na rolnictwo, potencjalnie zagrażając ustalonym aspektom rolnictwa. Globalne ocieplenie powoduje nieprzewidywalne i ekstremalne zjawiska pogodowe i w coraz większym stopniu wpływa na wzrost upraw, dostępność wody w glebie, pożary lasów, erozję gleby, susze, powodzie, podnoszenie się poziomu morza wraz z powszechnym zakażeniem chorobami i epidemiami szkodników (Adejuwon, 2004; Zoellick i Robert 2009). Te środowiskowe problemy psychiczne prowadzą do niskich i nieprzewidywalnych plonów, które niezmiennie czynią rolników bardziej wrażliwymi, zwłaszcza w Afryce (Ziervogel i in., 2006; UNFCCC, 2007).

Pustynnienie, niekontrolowany wypas, migracja zwierząt, kłusownictwo lub osiedlanie się na obszarach chronionych, pożary krzewów i wylesianie również stanowiły zagrożenie dla środowiska. Wszystko to miało negatywny wpływ na rolnictwo i zaopatrzenie w żywność, zasoby słodkiej wody, naturalne ekosystemy, różnorodność biologiczną i zdrowie ludzkie, zagrażając rozwojowi człowieka i jego przetrwaniu społecznemu, politycznemu i gospodarczemu (Zoellick i Robert 2009). Rosnący problem wpływu zmian klimatycznych ma charakter globalny, a kraje rozwijające się, zwłaszcza Afryka, zostaną nim dotknięte w największym stopniu. Wynika to z faktu, że gospodarka afrykańska jest w przeważającej mierze zasilana przez agrarne opady deszczu, zasadniczo uzależnione od wahań pogody, z powodu niemożności radzenia sobie z nimi w wyniku niskiego poziomu systemu rolniczego, a więc niskiego poziomu zdolności upraw przez rolników (Ziervogel i in. , 2006; Jagtap 2007; Nwafor 2007; Onyenecherem, 2010). Przewiduje się, że plony upraw w Afryce mogą spaść o 10-20% do 2050 r. lub nawet do 50% z powodu zmian klimatycznych (Jones i Thornton, 2002). W sprawozdaniu podsumowującym czwartej oceny IPCC stwierdzono z dużą dozą pewności, że produkcja rolna i bezpieczeństwo żywnościowe w wielu afrykańskich krajach i regionach mogą być poważnie dotknięte zmiennością i zmianami klimatu (IPCC, 2007 r.). Organizacja Narodów Zjednoczonych ds. Wyżywienia i Rolnictwa (FAO, 2000 r.) zauważyła również, że ekstremalne upały i zimno, susze i powodzie oraz różne formy brutalnych zjawisk pogodowych siały spustoszenie w systemach rolnych w regionie Afryki.

Dostępne dowody wskazują, że Nigeria już teraz boryka się z różnymi problemami ekologicznymi, które są bezpośrednio związane z trwającymi zmianami klimatycznymi (Adefolalu, 2007; Ikhile, 2007). Południowa strefa ekologiczna Nigerii, znana w dużej mierze z dużych opadów deszczu, boryka się obecnie z nieregularnością w strukturze opadów, podczas gdy w Gwinei Sawannah odnotowuje się stopniowy wzrost temperatury. Strefa północna stoi w obliczu zagrożenia wkraczaniem pustyni w bardzo szybkim tempie w ciągu roku, co wynika z szybkiego zmniejszania się ilości wód powierzchniowych, zasobów flory i fauny na lądzie (FME, 2004; Obioha, 2009). Zmusza to ludzi do eksploatowania większej ilości wcześniej nienaruszonych gruntów, co prowadzi do wyczerpania się pokrywy leśnej i zwiększenia się zasobów na wydmach lub w złożach eolicznych na północnej osi Nigerii. Z drugiej strony, mieszkańcy regionów przybrzeżnych są narażeni na ciągłe powodzie, niszczenie ekosystemów namorzynowych, skażenie wody i przenoszenie chorób przenoszonych przez wodę, co prowadzi do wysiedleń i kryzysu społecznego (Odjugo, 2010). Ubodzy w zasoby rolnicy stanęli zatem przed perspektywą tragicznych klęsk żywiołowych, które doprowadziły do spadku wydajności rolnictwa, wzrostu głodu, ubóstwa, niedożywienia i chorób (Zoellick i Robert 2009; Obioha, 2009). W związku z tymi zagrożeniami środowiskowymi, które doprowadziły do spadku plonów, niektórzy rolnicy w Nigerii porzucają działalność rolniczą na rzecz działalności pozarolniczej (Apata i in., 2010). W związku z tym konieczne jest podjęcie wspólnych wysiłków w celu przeciwdziałania tym zagrożeniom. Badanie wpływu zmian klimatu na wydajność rolnictwa jest zatem krytyczne, biorąc pod uwagę ich wpływ na zmianę modelu życia w kraju. Aby jednak wyciągnąć uzasadnione wnioski z danych pogodowych, konieczne jest przeprowadzenie co najmniej stuletniej oceny trendów klimatycznych o wyraźnym i trwałym wpływie na ekosystem (Ayoade, 2003; Singer i Avery, 2007). Produkcja roślinna w Nigerii w latach 2003-2005 (w mln ton) została przedstawiona w tabeli 1 poniżej:

Uprawa	2003	2004	2005	% Wzrost
Kukurydza	8,685.1	9,503.4	10,369.6	19.4
Proso	6,561.1	6,963.3	7,394.7	12.7
Sorghum	9,460.8	9,994.4	10,593.6	12.0
Ryż (Paddy)	3,520.3	3,713.9	3,929.4	11.6
Plantain	1,096.0	1,161.5	1,246.7	13.8
Ziemniak	1,442.1	1,528.3	1,640.4	13.7
Yam	25,073.3	26,700.2	28,521.8	13.8
Cassava	31,698.1	33,393.	36,057.8	13.8
Cowpea	4,210.7	4,328.3	4,462.2	0.6

Źródło: Krajowy Urząd Statystyczny

Wskazuje to na potrzebę przeprowadzenia tego badania (tabela 1), cowpea ma najniższe tempo wzrostu. To jest sedno tego badania

OBSZAR BADAWCZY

Stan Kaduna znajduje się pomiędzy szerokościami geograficznymi 09o 02'N do 11o 32'N i długością geograficzną 06o 15'E do 08o 38'E. Tak zdefiniowany obszar obejmuje obszar lądowy o powierzchni około 42 481 km2 (tabela 1). Ma on wspólne granice ze stanem Katsina na północy, stanem Nassarawa i Federalnym Terytorium Stołecznym, Abudżą na południu, stanami Kano i Bauchi na północnym wschodzie, stanem Zamfara na północnym zachodzie, stanem Niger na zachodzie i stanem Plateau na południowym wschodzie (rys. 4).

Tabela 2: Obszar lądowy państwa Kaduna

Państwa	Kilometry kwadratowe
Kaduna	42,481

Źródło: Urząd Geodety Generalnego Federacji (Office of the Surveyor-General of the Federation)

Klimat stanu Kaduna jest tropikalnym typem mokrym i suchym (klimat Aw Koppena). Pora wilgotna trwa od kwietnia do października, a szczyt sezonu przypada na sierpień, natomiast pora sucha trwa od listopada jednego roku kalendarzowego do kwietnia następnego (Abaje i in., 2012), (Tabele 3).

Tabela 3: Średnie roczne promieniowanie w stanie Kaduna w latach 2005-2009 (w milimetrach)

Państwo	2005	2006	2007	2008	2009
Kaduna	21.5	21.8	21.5	21.1	21.4

Źródło: Nigeryjska Agencja Meteorologiczna

Najwyższe temperatury występują około kwietnia w północnej Nigerii. Minimalne temperatury są zazwyczaj w grudniu. Maksymalna temperatura może wynosić nawet 40,^{60C}, a minimalna 12,^{80C} (Abdulkarim i Sarki, 2013). W północnej części kraju wilgotność powietrza w kwietniu wynosi 20%, a wartości dzienne mogą spaść z 30% do 10% po południu. Jest to cecha charakterystyczna dla sezonu harmattańskiego, kiedy suche i obłożone pyłem północno-wschodnie wiatry handlowe wieją z Sahary w bezchmurnych, ale zapylonych warunkach. Wahania wilgotności odzwierciedlają również zmiany temperatury (tabele 4, 5, 6, 7, 8, 9 i 10).

Tabela 4: Średnie roczne parowanie w stanie Kaduna w latach 2005-2009 (w milimetrach)

Państwo	2005	2006	2007	2008	2009

Kaduna	5.1	5.1	5	4.9	5

Źródło: Nigeryjska Agencja Meteorologiczna

Tabela 5: Średnie roczne pokrycie chmur w obszarze objętym badaniem w latach 2005-2008 (OCATS)

Państwo	2004	2005	2006	2007	2008
Kaduna	-	7	7	7	7

Źródło: Nigeryjska Agencja Meteorologiczna

Tabela 6: Średnia roczna temperatura minimalna w latach 2005-2009 (stopnie Celsjusza)

Państwo	2005	2006	2007	2008	2009
Kaduna	19.8	19.5	18.5	17.9	19.9

Źródło: Nigeryjska Agencja Meteorologiczna

Tabela 7: Średnia roczna maksymalna temperatura na obszarze badań w latach 2005-2009 (stopnie Celsjusza)

Państwo	2005	2006	2007	2008	2009
Kaduna	32.6	32.5	34.5	30.7	32.4

Źródło: Nigeryjska Agencja Meteorologiczna

Tabela 8: Średnia roczna wilgotność względna na badanym obszarze przy 1500 GMT 2005-2009 (w procentach)

Państwo	2005	2006	2007	2008	2009
Kaduna	39.9	39.8	41.0	40.8	39.5

Źródło: Nigeryjska Agencja Meteorologiczna

Tabela 9: Średnia roczna wilgotność względna na badanym obszarze przy 0900 GMT 2005-2009 (w procentach)

Państwo	2005	2006	2007	2008	2009
Kaduna	48.9	48.8	51.3	52.3	50.7

Źródło: Nigeryjska Agencja Meteorologiczna

Wydaje się, że w drugiej połowie ubiegłego stulecia miał miejsce okres niskich opadów deszczu, kiedy to warunki suszy ogarnęły większość części Afryki Zachodniej. Wzorzec ten odpowiada wahaniom poziomu jeziora Czad; był to okres "Małego Czadu". Okazało się, że stan ten utrzymywał się w XX wieku, kiedy to w pierwszej i drugiej dekadzie na badanym obszarze wystąpiły warunki suszy, a Sahara wkraczała na teren Sudanu. Wiadomo było, że rok 1931 był wyjątkowo suchy. Północna Nigeria doświadczyła lepszych warunków opadowych w latach 1915-1935, a następnie okres niskich opadów między połową 1930 r. a połową 1950 r., kiedy w całej Nigerii panowały liczne lokalne głody. Na przestrzeni lat występują różnice w charakterze opadów deszczu (tabela 10).

Tabela 10: Roczne opady deszczu (w mm) na badanym obszarze w podziale na państwa w latach 2005-2009

Państwo	2005	2006	2007	2008	2009
Kaduna	1001.3	897.7	865.0	848.9	1,217.9

Źródło: Nigeryjska Agencja Meteorologiczna

Średnie roczne opady wahają się od około 1733 mm na skrajnie południowej części badanego obszaru do około 600 mm na skrajnie północnej części (Abaje i in., 2016). Intensywność opadów jest bardzo wysoka w okresie od lipca do sierpnia (od 60 mm h-1 do 99 mm h-1) (Oladipo, 1993). Wzorzec opadów w tym obszarze jest bardzo zmienny w wymiarach przestrzennych i czasowych, a zmienność międzyroczna wynosi od 15 do 20 % (Oladipo, 1993; Abaje, 2016).

Klimat jest zdominowany przez wpływ stosunkowo ciepłej i wilgotnej tropikalnej masy powietrza morskiego (mT), która pochodzi z Oceanu Atlantyckiego i jest związana z południowo-zachodnimi wiatrami w Nigerii; oraz stosunkowo chłodnej, suchej i stabilnej tropikalnej masy powietrza kontynentalnego (cT), która pochodzi z Pustyni Saharyjskiej i jest związana z suchym, chłodnym i pylistym szlakiem północno-wschodnim znanym jako Harmattan (Odekunle, 2010). Te dwie masy powietrza (mT i cT) spotykają się wzdłuż skośnej powierzchni zwanej Nieciągłością Międzywymiarową (ITD). Przemieszczenie ZDT na północ przez północną część tej strefy w sierpniu (około 21-22oN szerokości geograficznej) wyznacza wysokość pory deszczowej w całej strefie, podczas gdy jego przemieszczenie na najbardziej wysuniętą na południe część około stycznia/lutego (około 6oN) wyznacza szczyt suchej pory roku w strefie (Abaje i in., 2017). Przemieszczanie się ZDT jest bardzo nieregularne i zmienia się w zależności od pory roku od 2o do 5,6o szerokości geograficznej na miesiąc, a cofanie się ZDT na południe jest szybsze niż jego przemieszczanie się na północ. Podczas gdy ruch w kierunku północnym odbywa się w tempie około 160 km miesięcznie, ruch w kierunku południowym odbywa się w tempie około 320 km miesięcznie (Ayoade, 2005). Stanowi to raczej łagodny początek pory deszczowej w strefie i jej dość nagły koniec (Abaje, 2016). Najwyższa średnia temperatura powietrza zwykle występuje w porze gorącej (marzec-maj), a najniższa średnia temperatura powietrza w zimnej (grudzień-luty) (Abaje i in., 2017).

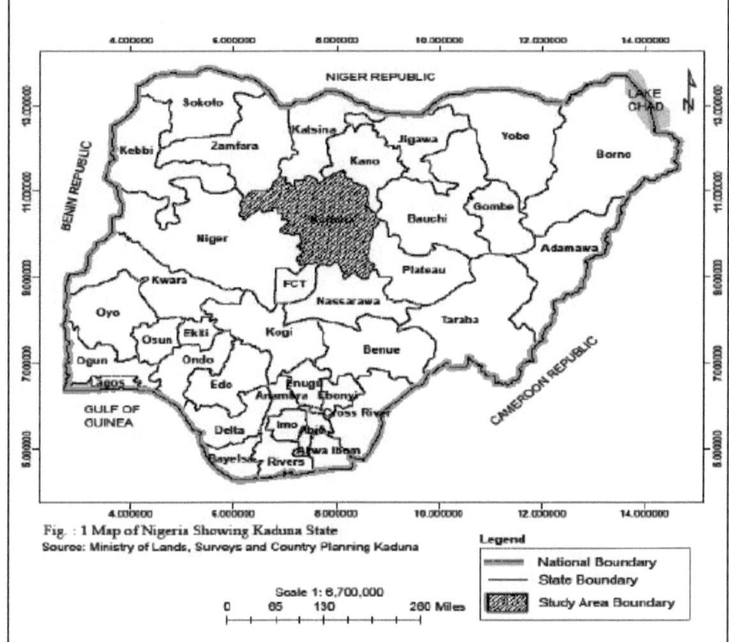

Rysunek 4: Obszar badań

Na geologię obszaru badań składają się gnejsy, migmity i metazymetry z okresu prekambryjskiego, które zostały naruszone przez serię skał granitowych z późnego okresu prekambryjskiego do niższego wieku paleozoicznego (Kowal i Knabe, 1972). Ponad połowę obszaru badań pokrywają żelaziste gleby tropikalne, które tworzą się głównie na granitowym i gnejsowym materiale macierzystym oraz na pokładach eolicznych i wielu osadach charakteryzujących się rzeką Kaduna (Abaje, 2016), (tabela 11).

Tabela 11: Ważna rzeka na obszarze objętym badaniem

Rzeka	Długość w kilometrach

Kaduna	547.1

Źródło: Urząd Rzeczoznawcy Generalnego

Cały stan pokrywa roślinność sawanny, na którą składają się sawanna gwinejska, sawanna sudańska i sawanna sahelska, a gęstość drzew i innych roślin zmniejsza się wraz z przesunięciem się na północ (Abaje i in., 2017).

Całkowita populacja badanego obszaru wynosi ok. 3 935 618 i 6 113 503 według Narodowego Spisu Powszechnego Ludności odpowiednio z 1991 i 2006 r. (Tabela 11). Populacja ta obejmuje 1 894 477 kobiet i 2 041 141 mężczyzn w 1991 r., 3 023 065 kobiet i 3 090 438 mężczyzn w 2006 r. (tabela 12).

Tabela 12: Ludność ogółem na obszarze objętym badaniem (1991 i 2006 r.)

	1991			2006		
Państwo	**Mężczyzna**	**Kobieta**	**Razem**	**Mężczyzna**	**Kobieta**	**Razem**
Kaduna	2,041,141	1,894,477	3,935,618	3,090,438	3,023,065	6,113,503

Źródło: Krajowa Komisja Ludnościowa (1991, 2006)

Ponadto FAO (2015) zaobserwowała, że ponad trzy czwarte powierzchni rolnej Nigerii jest zasilane przez deszcz. Zwiększenie potencjału rolnictwa zasilanego deszczem miałoby znaczący wpływ na produkcję żywności. Tak więc ponad 90% ludności jest zaangażowana w działalność rolniczą. Pozostali są zaangażowani w pracę w służbie cywilnej, a pozostali w nielicznych dostępnych branżach. Działalność rolnicza obejmuje głównie uprawę i hodowlę zwierząt, a niektóre z nich są ograniczone w przemyśle wykończeniowym. Głównymi uprawami są ziarna, takie jak proso, sorgo, kukurydza i orzechy ziemne, cebula, bawełna. W południowej części Kaduny można by produkować ignamy, ryż, soję i słodkie ziemniaki, a także w małych ilościach irlandzkie ziemniaki.

Zbiory są karmione deszczem, a zwierzęta pasą się wszędzie. Na badanym terenie prowadzona jest działalność rolnicza związana z nawadnianiem w okresie suchym. W wyniku tych działań ludzkich, wszelkie wahania opadów lub temperatury, szczególnie znaczące lub nagłe, będą miały duży wpływ na populację. Niewystarczająca ilość trawy i krzewów dla stad oraz ewentualny głód i śmierć zarówno ludzi jak i zwierząt; wylesianie jest aktywne w regionie przyczyniając się znacząco do zmian klimatycznych prowadzących do niszczenia życia i własności. Jeśli jednak przeprowadzi się planowanie, można zapobiec tym katastrofom lub je złagodzić. Dlatego też niniejsze opracowanie jest bardzo trafne w chwili obecnej, kiedy tak duże zainteresowanie wzbudzają zmiany klimatyczne.

MATERIAŁY I METODY

Badania opierały się na danych wtórnych. Dane dotyczące produkcji cowpei (plon/hektar) obejmujące okres trzydziestu lat (1987-2016) uzyskano z Narodowego Biura Statystycznego (NBS) w Abudży oraz z National Agricultural Extension and Research Liaisons Service (NAERLS) w Zarii w stanie Kaduna, natomiast miesięczne dane dotyczące opadów w tym samym okresie uzyskano z archiwum Nigeryjskiej Agencji Meteorologicznej (NiMet) (tabela 13), przedstawiające stację meteorologiczną w stanie Kaduna w Nigerii.

Tabela 13: Stacja meteorologiczna, stan Kaduna, Nigeria

Stacje	Stacja nr.	Szerokość geograficzna	Długi.	Wysokość nad poziomem morza	Okres:	Liczba lat.

Kaduna	1007.34	10036'N	07027'E	644.96m	1987-2016	30

Znormalizowane współczynniki statystyk Skewness (Z1) i Kurtosis (Z2), określone przez Brazela i Ballinga (1986), zostały wykorzystane do badania normalności w sezonowych (od kwietnia do października) seriach opadów dla stacji. Są to miesiące, w których większość stacji w regionie otrzymuje ponad 85 % sumy rocznych opadów (Oladipo, 1993). Na ich podstawie obliczono znormalizowany współczynnik pochylenia (Z1):

$$Z_1 = \left[\left(\sum_{i=1}^{N} (x_i - \bar{x})^3 / N \right) \Big/ \left(\sum_{i=1}^{N} (x_i - \bar{x})^2 / N \right)^{3/2} \right] \Big/ \left(6/N\right)^{1/2}$$ ---------------- Równanie (1)

a współczynnik standaryzowany kurtozy (Z2) został określony na podstawie:

$$Z_2 = \left[\left(\sum_{i=1}^{N} (x_i - \bar{x})^4 / N \right) \Big/ \left(\sum_{i=1}^{N} (x_i - \bar{x})^2 / N \right)^{2} \right] - 3 \Big/ \left(24/N\right)^{1/2}$$ -------------- Równanie (2)

$\bar{x}$ N Gdzie jest długoterminowa średnia wartości, a gdzie x_i liczba lat w próbie. Statystyki te zostały wykorzystane do sprawdzenia hipotezy zerowej, że poszczególne próby czasowe pochodziły z populacji o normalnym (gausyjskim) rozkładzie. Jeżeli wartość bezwzględna *Z1* lub *Z2* jest większa niż 1,96, na 95% poziomie ufności wskazuje się znaczące odchylenie od krzywej normalnej.

Podobnie badano zależność między wartościami opadów i temperatury a plonem rzepaku na badanym obszarze, stosując dwuczynnikową analizę korelacji. Przedstawiono ją jako:

$$r = \frac{\sum (x - \bar{x})(y - \bar{y})}{\sqrt{\sum (x - \bar{x})^2} \sqrt{\sum (y - \bar{y})^2}}$$ -------------- ----------------------------- Równanie (3)

r = Współczynnik korelacji

Gdzie: x i y = indywidualne obserwacje odpowiednio zależnych i niezależnych zmiennych

$\bar{x}$ oraz $\bar{y}$= Średnia odpowiednio zmiennych zależnych *(x)* i niezależnych *(y)*. Jako zmienne zależne przyjęto wartość plonów krowy, a jako zmienną niezależną - wartości opadów i temperatury. W podobnych badaniach nad związkiem między opadem a plonami rolnymi przedstawiły to James i Amor (2004) oraz Ananthoju i Rajini (2014).

WYNIKI I DYSKUSJA

Ogólna statystyka danych dotyczących opadów i temperatury

Ogólną statystykę opadów i średniej temperatury Kaduny (1987-2016) przedstawiono w tabeli 14. Wyniki standaryzowanego współczynnika pochylenia (Z1) i kurtozy (Z2) dla stacji zostały przyjęte jako prawidłowe przy 95% poziomie ufności. W związku z tym nie dokonano przekształcenia serii opadów i temperatury. Tabela 14 przedstawia ogólną statystykę.

Tabela 14	**Opady deszczu (mm)**	**Temperatura ^{oC}**
Przechylenie (Z1)	0.23	0.21
Kurtoza (Z2)	-0.38	0.88
Odchylenie standardowe	207.2	0.43
Zasięg	787.4	2.05
Minimum	848.9	24.9
Maksymalnie	1636.3	27.0

Źródło: Prace w terenie, 2018 r.

Minimalna ilość opadów (848,9 mm) została zanotowana w 2008 roku, a maksymalna (1636,3 mm) w 2013 roku. Podobnie, odchylenie standardowe wynosiło 207,2, co wskazuje na dużą zmienność opadów na badanym obszarze. Z drugiej strony na badanym obszarze w 1989 r. zanotowano minimalną roczną temperaturę 24,^{90C,} a maksymalną (27,^{00C}) w roku 2009.

TENDENCJE W ZAKRESIE OPADÓW DESZCZU, TEMPERATURY I PLONÓW RZEPAKU ZWYCZAJNEGO

Wynik analizy trendu średnich rocznych opadów i rocznego plonu cowpea przedstawiono na rysunku 5. Wynik ten pokazuje również, że na plonowanie rzepaku w okresie badania wpływ mają opady deszczu. Liniowe linie trendu zarówno dla średniego rocznego opadu, jak i rocznego plonu cowpea wykazały tendencję wzrostową. Tendencja wzrostowa dla cowpea (Y=4643,4x+540027) oraz tendencja wzrostowa dla opadów (Y=7,8374x+1093,8). Ustalenie to jest zgodne z wynikami Abaje et al (2012), że większość stacji synoptycznych w północnej Nigerii odnotowuje w ostatnich latach rosnące roczne opady deszczu.

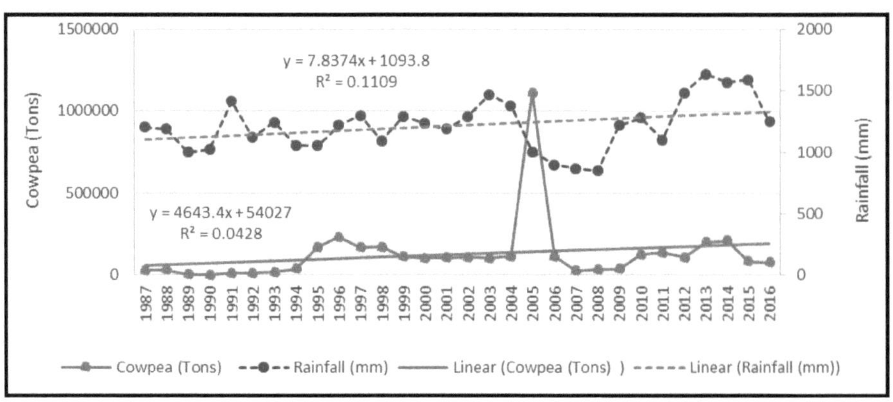

Rysunek 5: Tendencje w zakresie opadów deszczu i rzepaku (1987-2016)

Wynik analizy tendencji w zakresie średniej temperatury i rocznego plonu rzepaku przedstawiono na rysunku 6. Uzyskany wynik pokazuje również, że w okresie badań na plonowanie rzepaku ma wpływ temperatura. Liniowe linie trendu zarówno dla średniej temperatury, jak i rocznego plonu cowpea wykazały tendencję wzrostową. Tendencja wzrostowa dla cowpea (Y=4643,4x+540027) i rosnąca średnia temperatura (Y=0,00266x+25,242). Wzrost temperatury w ostatnich latach jest zgodny z ustaleniami Abaje, Ishaya i Abashiya (2016) na podstawie danych dotyczących temperatury z okresu czterdziestu lat (1975-2014).

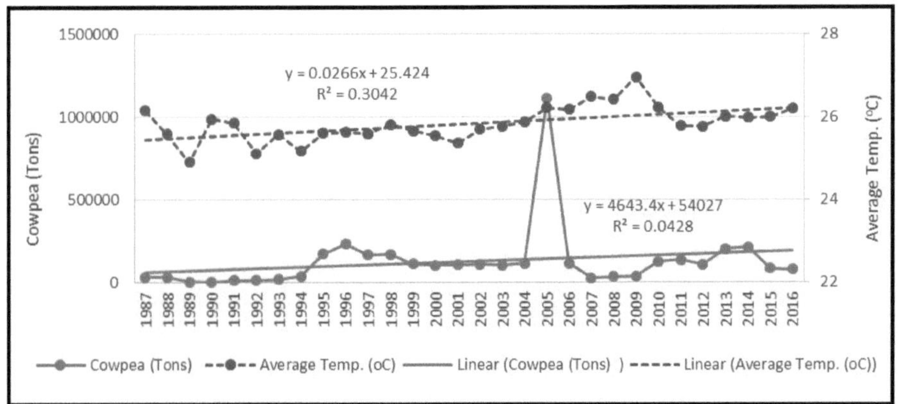

Rysunek 6: Tendencje dotyczące średniej temperatury i rzepaku (1987-2016)

4.3 Zależności między danymi dotyczącymi klimatu (opady i temperatura) a wydajnością krów (Cowpea Yield)

W tabelach 15 i 16 przedstawiono współczynnik korelacji między rocznymi opadami deszczu a plonami cowpea oraz średnią temperaturą i cowpea odpowiednio w stanie Kaduna (1987-2016).

Tabela 15: Podsumowanie statystyczne Wyniki

Statystyka korelacji	
Multiple R	0.055729
R2	0.003106
Dostosowany kwadrat R	-0.0325
Błąd standardowy	200756
F	0.08723
Obserwacje	30

	Współczynniki	Błąd standardowy	*t* Stan	*Wartość P*	Niższe 95%	Górne 95%
Przechwytywanie	190591.3	221747.7	0.859496	0.397366	-263638	644821

Opady deszczu (mm)	-53.1515	179.9628	-0.29535	0.769908	-421.789	315.4856

Analiza korelacji wskazuje, że współczynnik t dla średniego opadu wynosi 0,29535, a związana z nim wartość P wynosi 0,769908. Informacje te wskazują na brak istotnej korelacji pomiędzy średnim opadem a plonem cowpea w stanie Kaduna. Podobnie współczynnik oznaczenia (R2) wynosi 0,003106 lub 0,31%, co wskazuje na dodatnią (ale słabą) zależność pomiędzy średnimi rocznymi opadami a plonami cowpea na badanym obszarze. Stwierdzenie to może skutkować obniżeniem plonów cowpea w stanie Kaduna, co może być poważne. Może to ograniczyć produkcję cowpea i spowodować nieopisane trudności dla rolników na badanym obszarze.

Tabela 16: Statystyczne podsumowanie danych wyjściowych Korelacja danych statystycznych

Multiple R	0.166792491
R2	0.027819735
Dostosowany kwadrat R	-0.006900989
Błąd standardowy	198251.9299
F	0.801243
Obserwacje	30

Współczynniki	Błąd standardowy	t Stan		Wartość P	Niższe 95%	Górne 95%
Przechwytywanie	-1876777.93	2237729	-0.8387	0.408742	-6460557	2707001
Average Temp.	77517.70299	86600.18	0.895122	0.378353	-99874.7	254910.1

Analiza korelacji wskazuje, że współczynnik t dla średniej temperatury wynosi 0,895122, a związana z nim wartość P wynosi 0,378353. Z informacji tych wynika, że nie ma istotnej korelacji między średnimi opadami a wydajnością cowpea w stanie Kaduna. Podobnie współczynnik oznaczenia (R2) wynosi 0,027819735 lub 0,27%, co wskazuje na dodatnią (ale słabą) zależność między średnimi rocznymi opadami a plonami cowpea na badanym obszarze. Stwierdzenie to może skutkować obniżeniem plonów cowpea w stanie Kaduna, co może być poważne. Może to ograniczyć plony cowpea i przynieść niespotykane dotąd trudności rolnikom na badanym obszarze.

Chociaż wyższe temperatury mogą poprawić wzrost roślin, badania wykazały, że plony znacznie spadają, gdy temperatury w ciągu dnia przekraczają pewien poziom charakterystyczny dla danej uprawy. Ayanwuyi *i in.* (2010) podali również, że temperatura, para wodna i opady deszczu to czynniki, które mają wpływ na wielkość produkcji cowpea na każdym etapie od uprawy do końcowego zbioru. Podobnie Oyiga, Mekbib i Christine (2011) poinformowały, że produkcja roślinna w Afryce Subsaharyjskiej jest bezpośrednio dotknięta wieloma aspektami zmiany klimatu wynikającymi głównie ze średniego wzrostu temperatury oraz zmian w ilości i strukturze opadów.

PODSUMOWANIE

Na podstawie powyższego można stwierdzić, że przed przyporządkowaniem rocznych wahań danej uprawy do opadów lub temperatury należy założyć, że niektóre inne czynniki klimatyczne i biofizyczne pozostają stałe (Adejuwon i Ogunkoya, 2006). W związku z tym na podstawie tych wyników można wyciągnąć wniosek, że na badanym obszarze występują wahania w plonach rzepaku. Wydajność cowpea zależy w pewnym stopniu od dostępności wody, co może poprawić jej wydajność. Może to uzasadniać wzrost plonów cowpea na tym obszarze.

W związku z tym w północnej Nigerii, a w szczególności w stanie Kaduna, występują wahania plonów cowpea. Jako całość, plony cowpea wskazywały na niską lub słabą zależność w korelacji z rocznymi opadami i średnią temperaturą. Można zatem stwierdzić, że tę słabą lub niską zależność można przypisać skutkom zmian klimatycznych na badanym obszarze.

REKOMENDACJE

W związku z tym sformułowano pewne zalecenia polityczne:

Po pierwsze, istnieje potrzeba opracowania kompleksowej polityki rolnej i klimatycznej, która uwzględni ryzyko związane z wydajnością rzepaku wśród rolników. Dlatego też polityka rządu w tej dziedzinie powinna opierać się na ostatnich opadach deszczu i tendencjach temperaturowych. Pozwoli to na zwiększenie produkcji cowpea w stanie Kaduna i w całej północnej Nigerii.

Powinny istnieć wyraźne krajowe ramy polityki badań naukowych w dziedzinie rolnictwa, aby zapewnić środowisko sprzyjające ciągłości i skuteczności projektów w dziedzinie rolnictwa.

Rząd powinien dołożyć starań, aby zdecentralizować finansowanie badań i działania mające na celu zmniejszenie koncentracji na szczeblu federalnym. Na przykład struktura własnościowa instytutów badawczych mogłaby zostać zdecentralizowana na niższe szczeble rządowe, z czego mogliby aktywnie korzystać rolnicy na szczeblu lokalnym.

Istnieje potrzeba radykalnego odejścia od uzależnienia od produkcji żywności produkowanej na bazie deszczu poprzez intensywne wykorzystanie nawadniania. Istnieje zatem potrzeba odpowiedniego zapewnienia infrastruktury nawadniania i odwadniania, którą można by uznać za kluczową dla dostosowania się do zmian klimatu.

Rolnictwo wymaga profesjonalizacji dzięki zachętom edukacyjnym i rozwojowi kapitału ludzkiego w kierunku produkcji roślinnej i zwierzęcej. Lepiej wykształcony rolnik byłby na przykład w stanie szybciej przyswajać nowe informacje.

Rząd nigeryjski powinien podjąć odważny krok w kierunku stworzenia lepiej wyposażonych stacji meteorologicznych, w przeciwieństwie do skąpych i źle wyposażonych stacji, które mamy obecnie w Nigerii. Dzięki temu możliwe będzie dokładne prognozowanie i przewidywanie pogody, a to pomoże zapobiegać katastrofom związanym z pogodą poprzez wczesne ostrzeganie i skuteczny system reagowania lub adaptacji. Ponadto należy podjąć wysiłki na rzecz rozwiązania problemu zniszczonej infrastruktury w tym kraju.

Wraz z rosnącym wskaźnikiem nierównomierności opadów, suszy i pustynnienia, dzięki wysiłkom badawczym należy rozwijać odporne na suszę i krótkotrwałe uprawy wysokoplenne i udostępniać je rolnikom.

Aby rolnictwo było w stanie poradzić sobie ze zmianami klimatu, bardzo potrzebne są inwestycje rządu i innych zainteresowanych stron w zakresie ulepszonych technologii rolniczych. Duża zmienność klimatyczna charakteryzująca kontynent afrykański zakłada, że ludzie opracowali udane lokalne strategie adaptacyjne. W związku z tym zaleca się włączenie wiedzy i praktyk rdzennych mieszkańców do formalnych strategii łagodzenia zmian klimatycznych i adaptacji.

Wreszcie, istnieje potrzeba skutecznego budowania potencjału w celu wzmocnienia najbardziej wrażliwej grupy w produkcji rolnej, posiadającej niezbędną wiedzę i informacje niezbędne do łagodzenia zmian klimatu i przystosowania się do nich. W związku z tym należy zdecydowanie ograniczyć pustynnienie i inne niezdrowe praktyki środowiskowe, jeżeli Nigeria musi osiągnąć cel milenijnego celu rozwoju (MCR), jakim jest walka z głodem i ubóstwem do 2015 roku. Rolnicy powinni również regularnie otrzymywać informacje na temat aktualnych kwestii związanych ze zmianami klimatycznymi i rolnictwem. This can be achieved through the strengthening of the nation's extension services perhaps by devolveve the bulk of the services down to the local councils, which is closer to the farmers, and encouraging farmers to form farmer groups for enhanced capacity through group efforts. Może to pomóc im w korzystaniu z internetu.

REFERENCJE

Abaje, I.B. (2016). Assessment of Rural Communities' Perceptions, Vulnerability and Adaptation Strategies to Climate Change in Kaduna State, Nigeria. Niepublikowana praca doktorska, Wydział Geografii, Uniwersytet Ahmadu Bello, Zaria, Nigeria.

Abaje, I.B., Abashiya, M., Onu, V. i Masugari, D.Y. (2017). Climate Change Impact and Adaptation Framework for Rural Communities in Northern Nigeria. *JORIND,* 15 (2), 142-150.

Abaje, I.B., Ati, O.F. i Iguisi, E.O. (2012). Changing climateic scenario and strategies for drought adaptation and mitigation in the Sudano-Sahelian ecological zone of Nigeria. In: Iliya, M.A. i Dankani, I.M. (Eds.). *Climate Change and Sustainable Development in Nigeria.* Sokoto: Publikacja Stowarzyszenia Geografów Nigeryjskich (ANG) i Wydziału Geografii Uniwersytetu Usmana Danfodio w Sokoto. 99-121

Abaje, I.B., Sawa, B.A., Iguisi, E.O. & Ibrahim, A.A. (2016). Impacts of Climate Change and Adaptation Strategies in Rural Communities of Kaduna State, Nigeria. *Ethiopian Journal of Environmental Studies and Management,* 9 (1): 97 - 108.

Abiose, S. (1999). Assessment of the extent of use of indigenous African foods introduced food and imported foods in hotels and other commercial eating-places in southwestern Nigeria. (dostępna również na stronie www.uni.edu/inra/pub/bforson/chiz-p50-52.pdf.)

Abrahamson, D. (1989). *The challenges of global warming.* Washington, D.C.: Island Press.

Abubakar, I.U. i Yamusa, M.A. (2013). Powrót suszy w Nigerii: Przyczyny, skutki i łagodzenie skutków. *Journal of Agriculture and Food Science Technology,* 4 (3): 160-180.

Adams, R., Brian H., Stephanie, L. i Leary, N. (1998). Effects of global climate change on
rolnictwo: przegląd interpretacyjny. *Badania klimatyczne* tom 11: 19-30, 19 98

Adefolalu, D.O. (1983). Przyczyny nigeryjskiej gospodarki rolno-rolniczej. World Meteorological Organization [W.M.O.], *Lecture Series,* 93 (1): Genewa .

Adefolalu, D.O. (1991). Towards combating drought and desertification in Nigeria. Propozycja projektu przedłożona Federalnemu Uniwersytetowi Technicznemu w Minnie.

Adefolalu, D.O. (2007). Climate change and economic sustainability in Nigeria. Paper presented at the International conference on climate change, Nnamdi Azikiwe University, Awka 12-14 June 2007.

Adejuwon, J.O. i Ogunkoya, O.O. (2006). *Climate Change and Food Security in Nigeria.* Ile-Ife: Obafemi Awolowo University Press.

Akinsanola, A. A i Ogunjobi, K. O. (2014). Analysis of Rainfall and Temperature Variability Over Nigeria: *Global Journals Inc. 14(3) (USA) 460-487.*

Ahmed, S. A., Diffenbaugh, N. S. i Hertel, T. W. (2009). Zmienność klimatu pogłębia podatność na ubóstwo w krajach rozwijających się. Environmental research letters, 4(3) 8pages.

Amogne, A. i Amare, B. (2017). Variability and Time Series Trend Analysis of Rainfall and Temperature in Northcentral Ethiopia: Studium przypadku w Wolece. *Sub-basin Weather and Climate Extremes19 (2) 29-41.*

Ananthoju, V.k. i Rajani, T.V. (2004). Estimation of the influence of rainfall on the groundnut yield india - data mining approach. *Journal of engineering research and application* 4(6)1-9.

Apata, T.G., Samuel, K.D. i Adeola, A.O. (2009). Analysis of Climate Change perception and Adaptation among Arable food crop farmers in Southwestern Nigeria. *Paper presented at the conference of International Association of Agricultural Economics* 2 - 9.

Apata, T.G., Ogunyinka, A., Sanusi, R.A. i Ogunwande, S. (2010). Effects of global climate change on Nigerian Agriculture: Analiza empiryczna. Dokument przedstawiony na 84. dorocznej konferencji Agricultural Economics Society w Edynburgu, Szkocja, s. 345-351.

Asiedu, J.J. (1992). Przetwarzanie tropikalnych gliniarzy. Londyn. Prasa macmillijska.

Ati, O.F., Iguisi E.O. i Afolayan J.O. (2007). Czy w strefie Sudano - Sahelian w Nigerii panują suchsze warunki? *Journal of Applied Science Research* 3 (12): 1746-1751. Odzyskane 25 - 06 - 2009, z http: //www.insinet.net/jasr/2007/1746-1751/ pdf.

Ayanwuyi, E. K., Oguntade, F.A. i Oyetoro, J. O. (2010). Farmers perception of impact of climate change on food production in Ogbomosho Agricultural zone of Oyo State. *Nigerian Journal of Human Social Sciences* 10 (7): 33-39.

Ayinde, O. E. (2010). Empirical analysis of agricultural production and climate change: A case study of Nigeria. *Journal of Sustainable Development in Africa.* 12 (6): 345-353.

Ayinde, O.E. (2010). Empiryczna analiza produkcji rolnej i zmian klimatu: A case study of Nigeria. *African Journal of Sustainable Development*, 12(.6): 345-253.

Ayinde, O. E., Ojehomon, V. E. T., Daramola, F. S. i Falaki, A. A. (2013).Evaluation of the effects ofclimate change on rice production in Niger State, Nigeria. *Ethiopian Journal of Environmental Studies and Management*, 6 : 763-773.

Ayinde, O.E., Muchie, M. i Olatiyi, G.B. (2011) Effect of climate change on agricultural Production in Nigeria. A Co integration model approach. *Journal of Human Ecology* 35(3): 189-194.

Ayoade, J.O. (2003). Zmiany klimatyczne. Ibadan. Vantage Pub-lishers, str. 45-66.

Ayoade, J.O. (2005). *Introduction to Agroclimatology* (2nd ed.). Ibadan: University Press Plc.

Brazel, S.W. i Balling, R.C. (1986). Analiza czasowa długoterminowych poziomów wilgotności powietrza w Phoenix, Arizona. *Journal of Climate and Applied Meteorology,* 25:112-117.

Brown, M. E. (2009). Markets, Climate Change and Food Security in West Africa. *Environmental Science and Technology* 43: 8016-8020.

Building Nigeria's Response to Climate Change (BNRCC), (2008). Coroczne warsztaty Zespołu Studiów Środowiskowych Nigerii (NEST), (2008): Ostatnie globalne i lokalne działania na rzecz zmian klimatycznych w Hotelu Millennium, Abudża, Nigeria 8-9 Cot, 2008.

Projekt Building Nigeria's Response to Climate Change (BNRCC) (2011). *National Adaptation Strategy and Plan of Action on Climate Change for Nigeria (NASPA-CCN).* Specjalna jednostka ds. zmian klimatycznych Federalnego Ministerstwa Środowiska.

CANR International News (2001). Krajowy dokument strategiczny dotyczący fasoli i cebuli: Wkład w rolnictwo w krajach rozwijających się. Michigan State Uniersity.

Cowpea CRSP Afryka Zachodnia, (1997) Raport roczny, październik, kwiecień 1997 r., Lowenberg-DeBoer, J. (dostępny również pod adresem www.entm.purdue.edu/entomology research/cowpea/economic%20pages/impac.htm.

Cowpea CRSP Afryka Zachodnia, Raport nauk społecznych kwiecień-wrzesień, (1998. Cowpea market structure studies, by Lowenberg-DeBoer, J. (dostępne pod adresem www.entm.purdue.edu/entomology research/cowpea/economic%20pages/impac.htm.

Deressa, T.T. i Hassan, T. (2010). Economic Impact of Climate Change on Crop Production in Ethiopia: Dowody pochodzące ze środków przekrojowych. *Journal of African Economies,* Volume 18, number 4, pp. 529-554.

Ehrlich, P. R. i Ehrlich, A. H. (1990). How the rich can save the poor and themselves: lessons from the global warming In *Global warming and climate change: perspectives from developing countries.* New Delhi: Tata Energy Research Institute.

Ehrlich, P. R., Daily, G. C., Ehrlich, A. H., Matson, P. i Vitousek, P. (1989). Global change and carrying capacity: implications for life on earth. In *Global change and our common future* (De Fries, R. and Malone, T.). Washington, D.C.: National Academy Press.

Faye, M i Lowenberg-DeBoer, L., (1999). Adoption of cowpea improved varieties and storagetechnology ion north central peanut basin of Senegal and economic impact implications. Bean/Cowpea CRSP West Africa Regional Report No. 3.

Faye, M., Kergne, A., Kushwaha, S., Langyintuo, A., Lowenberg-DeBoer, J., Marfo, K.A. i Ntoukam, G., (2000). Regional cowpea trade and marketing in West Africa.

Federalne Ministerstwo Środowiska [FME] (2004). Abuja. Dostępne pod adresem www.nigeria.com.ngcichng.org/ccinfo.php.

Fischer G., Shah, M. i Van, V. H. (2002). "Climate Change and Agricultural Vulnerability". International Institute for Applied Systems Analysis. Report prepared under UN Institutional Contract Agreement 1113 for World Summit on Sustainable Development. Laxenburg, Austria.

Frost, C. i Thompson, S. G. (2000). Correcting for regression dilution bias: comparison of methods for a single predictor variable *Journal Research Statistics Society.* 173–89

Organizacja Narodów Zjednoczonych ds. Wyżywienia i Rolnictwa FAO (2000). Stan żywności i rolnictwa: Lekcje z ostatnich 50 lat. Rzym, Włochy, Organizacja Narodów Zjednoczonych do spraw Wyżywienia i Rolnictwa (Food and Agricultural Organization of the United Nations).

Organizacja Żywności i Rolnictwa (2004). Cowpea: Operacje po zbiorach. Rzym, Włochy.

Organizacja Żywności i Rolnictwa (2017). Zalecenia ekspertów dotyczące tłuszczów i olejów w żywieniu człowieka. Raport Wspólnej Konsultacji Eksportowej Organizacji ds. Wyżywienia i Rolnictwa (Food and Agricultural Organization Food and Nutrition paper) (57): Rzym, Włochy.

Ifabiyi, I.P. i Omoyosoye, O. (2011). Rainfall Characteristics and Maize Yield in Kwara State: *Nigeria Indian Journal of Fundamental and Applied Life Sciences* *http://www.cibtech.org/jls.htm 1 (3) 60-65*

IPCC. (2001) Zmiany klimatyczne: Impacts, Vulnerability and Adaptation. Grupa Robocza II, WMO, Genewa.

Międzynarodowy Panel ds. Zmian Klimatu (IPCC) (2007). Zmiany klimatyczne 2007: Podstawy fizyki stanowią wkład grupy roboczej 1 do czwartego sprawozdania z oceny międzyrządowego zespołu ds. zmian klimatu. Solomon, S., Qin, Manning, M., Chen, Z., Marguis, M., Averyt, K.B., Tignor, M. i Miller, H.L. (red.). Cambridge University Press, Cambridge, Wielka Brytania, str. 996.

Jagtap, S. (2007). Zarządzanie wrażliwością na ekstremalne zjawiska pogodowe i klimatyczne: Implikacje dla rolnictwa i bezpieczeństwa żywnościowego w Afryce. Proceedings of the International Confe-rence on Climate Change and Economic Sustainability held at Nnamdi Azikiwe University, Enugu, Nigeria, s. 45-52.

Kane, S., Reilly, J. i Tobey, J. (1992). An empirical study of the economic effects of climate change on world agriculture. Climatic Change 21, 17-35.

Kowal, J.M., i D.T. Knabe. 1972. Zużycie wody, bilans energetyczny północnych stanów Nigerii. A.B.U. Press.

Lambot., C. (2002). *Industrial potential of cowpea.* Agriculture raw material, Nestle Research Center, Abidjan, Côte d'Ioire. pp: 367-375.

Langyintuo, A.S. (1999). Hedoniczna analiza cen jako działanie multidyscyplinarne: przypadek cowpeas w Kamerunie. Bean/Cowpea CRSP West Africa Regional Report No. 1.

Lobell, D. B. i Burke, M. B. (2008). Dlaczego skutki zmian klimatu dla rolnictwa są tak niepewne? Znaczenie temperatury w stosunku do opadów. *Badania środowiskowe*

McGregor, S. E. (1976). Zapylanie przez owady skultiultiplikowanych roślin uprawnych. USDA

Mendelsohn, R. Nordhaus, W.D. i Shaw, D. (1994). The impact of global warming on agriculture: a Ricardian analysis. *American Economic* 84(4):753-771

Krajowa Komisja Ludnościowa. (1991). Census News Publication, *3(1), Lagos Nigeria.*

Krajowa Komisja Ludnościowa. (2006). Spis ludności Republiki Federalnej Nigerii: Raport analityczny szczebla krajowego, *NPC, Abudża.*

Nigeryjski zespół badań środowiskowych (NEST) (2004). Regional climate modeling and climate scenarios department on support of vulnerability and adaptation studies: result of regional climate modeling efforts over Nigerian. NEST, Ibadan, Nigeria

Nwafor, J.C. (1982). *Agricultural Zones of Nigeria in Maps*. Londyn: Hodder i Stoughton.

Odekunle, T. O. (2010). Na dipolach deszczowych nad Afryką Zachodnią. *The Zaria Geographer*, Department of Geography, Ahmadu Bello University, Zaria, 18 (1), 57-70.

Nwafor, J.C. (2007). Globalne zmiany klimatyczne: Czynnik powodujący liczne przyczyny nasilenia powodzi w Afryce Subsaharyjskiej. Paper presented at the International Conference on Climate Change and Economic Sustainability held at Nnamdi Azikiwe University, Enugu, Nigeria, pp 67-72.

Naylor, R. L., Battisti, D. S., Vimont, D. J., Falcon, W. P. i Burke, M. B. (2007). Assessing risks of climate variability and climate change for Indonesian rice agriculture *Journal of Applied Statistics* Vol. 2 No.1.

Obioha, E. (2008). "Climate Change, population drift and violent conflict over land resources in North Eastern Nigeria" *Journal of Humanity and Ecology*, 23(4): 311-324.

Odjugo, P.A.O. (2010). Ogólny przegląd wpływu zmian klimatycznych w Nigerii. *Journal of Humanity and Ecology*, 29(1): 47-55.

Oladipo, E.O (1993). Niektóre aspekty charakterystyki przestrzennej suszy w północnej Nigerii. *Natural Hazards*, Niderlandy. 8:171-188.

Ole, M.C., Anette, M., i Awa, D. (2009). Farmer's perceptions of climate change and Agricultural strategies in Rural Sahel. *Journal of Environmental Management* 4(3) 804-816.

Ortiz, R. (1998). Cowpea z Nigerii: Cicha rewolucja żywnościowa. Perspektywy dla rolnictwa 27(2), 125-128.

Rosenzweig, C. i Parry, M. (1994). Potencjalny wpływ zmian klimatycznych na światowe zaopatrzenie w żywność. Nature 367, 133-138.

Seini, S. A. i Enokela, O. S. (2012). Stochastic Investigation of Rainfall Variability in Relation to Legume Production in Benue State-Nigeria: *The International Journal of Engineering And Science 2(5), 42-48* www.theijes.com.

Odekunle, T.O. (2010). An Assessment of the Influence of the Inter-Tropical Discontinuity on Inter-Annual Rainfall Characteristics in Nigeria. *Geographical Research, 48(3):314 326.*

Ortiz, R. (1998). *Cowpeas z Nigerii. Cicha rewolucja żywnościowa*. Perspektywy dla rolnictwa
27(2), 125-130 p.

Oyerinde, A.A., Chuwang, P. Z. i Oyerinde, G.T. (2013). Evaluation of the effects of climate change on increased incidence of cowpea pests in Nigeria. *Journal of Plant Protection Sciences*, 5 (1): 10-16

Oyiga, B.K., Mekbib, H. i Christine, W. (2011). Implication of climate change on crop yield and food accessibility in Sub-Saharan Africa. Interdyscyplinarna praca terminowa, Zentrum Fur Entwicklungsforschung University, Bonn.

Parry, M., C., Rosenzweig, A., Iglesias, M., Livermore, M. i Fisher, G. (2004). Effects of climate change on global food production under SRES emissions and socio-economic scenarios. Globalne zmiany środowiskowe 14: 53-67.

Parry, M., Arnell, N., Berry, P., Dodman, D., Fankhauser, S., Hope, C., Kovats, S., Nicholls, R., Satterthwaite, D., Tiffin, R. i Wheeler, T. (2009). Assessing the Costs of Adaptation to Climate Change - A Review of UNFCCC and Other Recent Studies, *International Institute for Environment and Development oraz Grantham Institute for Climate Change,* Imperial College London, U.K. (2009).

Quinn, J. (1999). *Cowpea, wszechstronne rośliny strączkowe do pracy w gorących i suchych warunkach.* Instytut Thomasa Jeffersona. Columbia, USA. (dostępne również na stronie www hort.purdue.edu/newcrop articless/ji-compea html)

Reilly, J., (1999). Zmiany klimatyczne - rolnictwo może się dostosować? *Choices,* First Quarter, str. 4-8.

Rosenzweig, C. i Iglesias, A. (1994). Implications of Climate Change for International Agriculture: Crop Modeling Study. EPA 230-B-94-003, US EPA Office of Policy, Planning and Evaluation, Climate Change Division, Adaptation Branch, Washington, DC.

Rosenzweig, C. i Parry, M.L. (1994). Potential impacts of climate change on world food supply, *Nature* 13., 133-138.

Tebaldi, C. i Knutti, R. (2007). The use of the multi-model ensemble in probabilistic climate projections *Phil.Trans.R.Soc.*

Ramowa konwencja Narodów Zjednoczonych w sprawie zmian klimatu (2007). Wpływ zmian klimatycznych, słabe punkty i adaptacja w krajach rozwijających się Sekretariat UNFCCC, Mar-tin-Luther-King-Straat 8 53175 Bonn, Niemcy. www.un fccc.int. Jones, P.G. i Thornton, P.K. 2002.

Van Rij, N. (1999). Produkcja cowpei w Kwazulu-Natal. Aktualizacja rolna. (dostępne również na stronie internetowej:COPY8. s: 4

Wang, J., Mendelsohn, R., Dinarc, R., Huangd, J., Rozellee, S., i Zhangd, L. (2009). The impact of climate change on China's agriculture, Agricultural Economics 40 (2009) 323-337

Yamusa, A. M., Abubakar, I.U. i Falaki, A.M. (2015). Rainfall Variability and Crop Production in the North-Western Semi-Arid Zone of Nigeria: *Journal of Soil Science and Environmental 6(5), 125-131.*

Ziervogel, G., Nyong, A., Osman, B., Conde, C., Cortes, S. i Dowing, T. (2006). Climate variability and change: implications for household food security. Assessments of impacts and adaptations to climate change (AIACC) Working Paper No. 20, January 2006. The AIACC Project Office, International START Secretariat, Washington DC, USA, str. 678-691.

Zoellick, S. i Robert, B.A. (2009). Climate Smart Future. The Nation Newspapers. Vintage Press Limited, Lagos, Nigeria, s. 18.

Printed by Books on Demand GmbH, Norderstedt / Germany